T.64
269

ÉCOLE DE MÉDECINE D'ANGERS

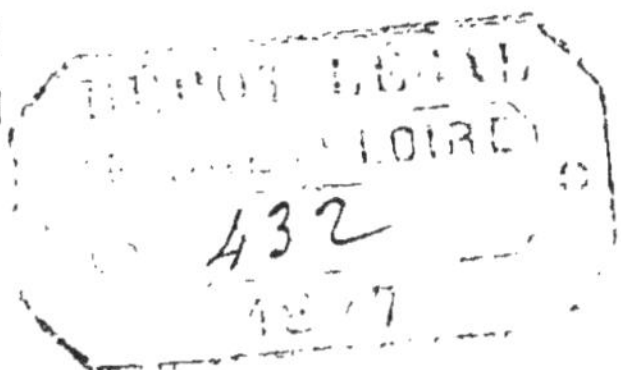

HISTORIQUE

DE

L'ÉLECTRICITÉ ANIMALE

LEÇON FAITE A LA SÉANCE DE RENTRÉE

LE 6 NOVEMBRE 1877

PAR LE Dʳ AMBROISE GUICHARD

Professeur-suppléant d'Accouchements,
des maladies des femmes et des enfants,
chargé des conférences de Physique médicale.

ANGERS

IMPRIMERIE P. LACHÈSE, BELLEUVRE ET DOLBEAU

13, Chaussée Saint-Pierre, 13

1877

La Séance de rentrée était présidée par M. YON,
Inspecteur d'Académie, assisté de M. le D' FARGE,
Directeur de l'École.

Monsieur l'Inspecteur,

Messieurs,

Chaque année, l'École de médecine inaugurait ses cours par une séance solennelle; des éloges et des discours remarquables étaient prononcés par nos maîtres, et nous en avons gardé le souvenir; aujourd'hui notre rôle est plus modeste; nous nous bornons à une simple leçon d'ouverture.

Chargé, un peu par le hasard des décrets, des conférences de Physique médicale, nous avons choisi pour sujet l'historique d'une question qui intéresse vivement la médecine : *l'Électricité médicale.*

Avant d'aborder ce sujet, nous nous permettrons quelques considérations générales

La Physique ne s'est constituée à l'état de science que dans les temps modernes; comme la Médecine, son aînée, elle était une des branches des sciences naturelles ; en effet, au XVe siècle, avant qu'on décernât à notre docte Faculté, le nom de Faculté de médecine, on l'appelait : *Physicarum facultas, Facultas in Physica* ; en France les premiers médecins portèrent le nom de physiciens, qu'ils conservent encore en Angleterre.

Au XVIIe siècle, l'introduction dans la physique, de la méthode expérimentale recommandée par François Bacon devait être le point de départ de progrès rapides ; ce n'était que deux siècles plus tard, que la médecine devait en faire usage.

Aussi tandis que, en physique, nous voyions des Newton découvrir l'attraction universelle, des Laplace donner l'exposition du système du monde, et tant d'autres merveilleuses découvertes, la médecine restait l'art de combattre les maladies ; une foule de moyens, qu'elle employait, lui donnaient un caractère occulte et mystérieux, qui s'est encore conservé chez les charlatans de nos jours.

La science médicale moderne s'honore de l'étroite alliance qu'elle a contractée avec les sciences positives ; à ces sciences elle a emprunté les méthodes et les moyens de contrôle.

L'étude des phénomènes de la vie ne peut plus se faire sans l'intervention de la physique et de la chimie.

La physique, en perfectionnant les instruments de recherches, permet d'enregistrer avec une précision mathématique les opérations, par lesquelles la vie se manifeste dans ses caractères les plus intimes, et elle rend possible l'étude complète de tous les phénomènes de mécanique, d'électricité, de chaleur animale, d'optique, d'acoustique.

L'étude de ces instruments fera surtout l'objet de ces conférences; cette année, nous parlerons de l'Électricité; après avoir étudié la partie physique, nous examinerons ses rapports avec la physiologie. la pathologie et la thérapeutique.

Dans cette leçon, nous traiterons un point particulier de l'électricité animale :

Des courants électriques existent-ils dans le système nerveux?

L'influx nerveux est-il un phénomène identique à l'agent électrique?

***
** **

Les seules connaissances des anciens en électricité se bornaient aux propriétés de l'ἤλεκτρον ou ambre jaune, aussi ne nous don-

neront-ils l'interprétation d'aucun phénomène. Cependant Hippocrate, Aristote, Dis-
coride, Galien, Pline,... parlent dans leurs
écrits des propriétés remarquables des tor-
pilles, si fréquentes dans la Méditerranée,
Galien, le premier, employa la torpille vivante dans les affections rhumatismales et les
céphalées, « *afin*, disait-il, *de guérir par la dou-
leur qu'elle produisait.* »

Les sauvages de l'Amérique avaient remarqué les effets terribles de ces poissons sur
l'homme et les animaux, et ils évitaient de
traverser certaines rivières.

La torpille est aujourd'hui abandonnée en
médecine, mais elle reste en physiologie un
objet de recherche le plus curieux de l'électricité animale.

Avant la fin du siècle dernier, on ne connaissait que l'électricité statique; les médecins émerveillés de ses effets sur l'homme
l'expérimentaient en médecine, et les physiologistes cherchaient à démontrer son intervention dans les phénomènes de la vie.

C'est en 1780, que *Aloysius Galvani*, professeur d'anatomie à l'université de Bologne,
fit la première expérience, qui devait ouvrir
une voie si féconde et si glorieuse en découvertes.

Galvani s'occupait de l'irritabilité nerveuse des animaux à sang froid, en particulier des grenouilles, et de l'influence du fluide électrique sur les différents organes. Pour son expérience, une grenouille vivante était dépouillée rapidement de sa peau, et par un coup de ciseau, on coupait les membres inférieurs, en conservant les nerfs cruraux, qui servaient à suspendre l'animal. La grenouille, ainsi préparée, fut placée sur la tablette de bois d'une machine électrique ordinaire, et le maître sortit de son laboratoire.

Un aide se mit à faire mouvoir la machine pour une démonstration; un autre voulut terminer la dissection de la grenouille, mais au moment où il approcha des nerfs la pointe de son scalpel, les membres inférieurs de l'animal entrèrent en contraction, comme s'ils étaient pris d'une convulsion tétanique.

Plusieurs fois les mêmes phénomènes furent renouvelés devant les assistants, parmi lesquels se trouvait Lucia Galvani, la femme du professeur, et son collaborateur dévoué. Lucia crut remarquer que la contraction était plus sensible, si l'on touchait le nerf, au moment même où l'on tirait des étincelles de la machine voisine; émerveillée, elle s'empressa d'aller chercher son mari, qui vérifia tous ces faits.

Galvani songea à expliquer les mouvements convulsifs de la grenouille par le phénomène du *choc en retour;* et c'est encore l'explication que les physiciens lui donnent. Mais préoccupé de l'idée, que l'influx nerveux n'était autre chose que l'électricité libre, circulant dans l'économie animale, il se refusa à s'en tenir à cette simple opinion.

Il se mit à étudier les effets de la décharge électrique sur toute sorte d'animaux en variant les expériences; avec les différentes sources d'électricité : électricité positive ou négative, bouteille de Leyde, électrophore, les résultats furent les mêmes.

Il essaya aussi l'électricité naturelle des nuages ; et cela au risque d'être foudroyé comme le malheureux physicien Richman, à Saint-Pétersbourg en 1753. Une tige de fer verticale placée sur sa maison, se terminait dans son cabinet par une chaîne, recourbée en crochet; une grenouille préparée fut suspendue. Plus d'une fois par un temps orageux, au moment où les éclairs apparaissaient, de violentes contractions saisissaient les muscles de l'animal.

Plus tard, Galvani voulut éprouver la puissance électrique de l'air pendant un *jour calme;* il fut ainsi conduit à son expérience fondamentale, qui fut le point de départ de la découverte de la pile de Volta.

Le 20 septembre 1786, l'anatomiste bolonais prit une grenouille, préparée comme nous l'avons dit, et la suspendit, au moyen d'un crochet de cuivre, à la balustrade de fer du palais Zamboni, qu'il habitait; d'heure en heure, il observait ce qui se passait; l'animal restait immobile. Impatienté, il frotta vivement le crochet de cuivre le long de la balustrade, afin de rendre plus intime le contact des deux métaux.

Galvani vit alors les membres inférieurs entrer en contraction, dès que le crochet de cuivre touchait la balustrade de fer; plusieurs fois, son expérience lui donna le même résultat, quoiqu'il n'y eût pas d'électricité libre dans l'atmosphère.

Notre habile expérimentateur en conclut que le phénomène observé était une *contraction propre* de la grenouille, indépendante de toute cause externe; *l'électricité animale,* qu'il avait soupçonnée, existait donc réellement. Il répéta l'expérience dans son laboratoire; une grenouille préparée était suspendue par un crochet de cuivre; puis, au moyen d'une lame de fer polie, il mit en communication les deux extrémités. Dès qu'elle venait à toucher le cuivre, les contractions se produisaient. L'expérience était capitale; les contractions avaient bien lieu en dehors de toute influence électrique ordinaire.

Galvani travailla avec ardeur dans cette nouvelle voie, il essaya des arcs de différents métaux, et conclut qu'ils agissaient suivant leur conductibilité; il arriva ainsi à une classification des métaux qui fut vérifiée plus tard par les physiciens.

Il trouva que la contraction était plus vive, si l'on entourait les nerfs lombaires de la grenouille d'une feuille d'étain et les muscles de la jambe d'une feuille d'argent, et si l'on établissait la communication des armatures au moyen d'un fil de cuivre.

Il put même reproduire la contraction musculaire, en touchant d'une main avec un fil de cuivre l'armature d'étain, pendant que de l'autre il touchait la main d'un aide, et que l'aide touchait avec un fil de cuivre l'autre armature d'argent; l'électricité parcourait donc cet énorme circuit.

Le professeur de Bologne crut avoir démontré avec certitude l'existence d'une électricité propre à l'organisme vivant, et il émit sa pensée, en formulant en principe, que le corps des animaux est une *bouteille de Leyde organique*.

Mais ce fut en vain qu'il chercha à démontrer la présence de deux électricités contraires et confinées chacune dans un lieu séparé ; ce que l'expérience ne lui avait pas donné il le demanda aux inspirations de son génie, de ses méditations, basées sur l'observation, il conclut :

1° *Le muscle est une bouteille de Leyde ;*

2° *Le nerf joue le rôle d'un simple conducteur ;*

3° *L'électricité positive circule de l'intérieur du muscle au nerf, et du nerf au muscle, à travers l'arc excitateur.*

Ces propositions devaient être vérifiées plus tard dans leurs parties les plus importantes par les travaux de Matteucci, de la Rive, du Boys-Reymond.

Galvani avait passé onze années à poursuivre son idée de l'électricité animale ; alors seulement il fit paraître le résultat de ses travaux ; avant lui on ne connaissait que l'électricité statique, il avait donné la démonstration de *l'électricité en mouvement ou électricité dynamique.*

Physiciens et physiologistes s'empressèrent

de vérifier ses récentes expériences et de discuter son hypothèse ; en Italie, en Allemagne, en Angleterre, en France, de nouvelles recherches furent faites ; il y eut des partisans et des adversaires.

Alors commença la mémorable lutte scientifique de Galvani, avec le physicien de Pavie, *Volta*.

Galvani avait émis l'idée, mais en la rejetant, que l'on pouvait attribuer au métal la cause productrice de l'électricité. Volta s'empara de cette opinion, et s'appuyant sur un fait déjà constaté par Galvani, que les contractions se produisent d'autant mieux que l'arc métallique est formé de deux métaux différents, il formula ainsi la théorie physique du phénomène de la contraction musculaire de la grenouille :

« *Lorsque deux métaux différents*, dit-il, *sont*
« *en contact l'un avec l'autre, par suite de ce*
« *contact, par l'effet de l'hétérogénéité de nature,*
« *il y a développement d'électricité.* »

Volta appela *électricité métallique*, l'électricité que Galvani avait appelée *électricité animale*. Pour l'anatomiste de Bologne, l'arc métallique servait seulement de conducteur au courant électrique, qui s'élançait du muscle au nerf et du nerf au muscle ; pour le physi-

cien de Pavie, l'électricité était produite par
le contact de substances hétérogènes; le courant engendré irritait les nerfs et produisait
la contraction musculaire.

Pendant six années, les deux adversaires
luttèrent avec la plus parfaite courtoisie; enfin,
Galvani fit une réponse décisive à la théorie
de l'hétérogénéité de matière de Volta. —
Une cuisse de grenouille munie de son nerf
était placée sur un plateau isolant; une seconde cuisse semblable était placée près
d'elle; les deux nerfs étaient appliqués l'un
sur l'autre; dès qu'on fermait le circuit, des
contractions se produisaient. — Aucune substance étrangère n'étant employée, il était impossible de nier le courant électrique propre
de la grenouille.

Après Volta, Galvani eut pour adversaire
un chimiste de Florence, *Fabroni*. Se basant
sur l'altération différente des métaux purs et
impurs et des alliages, il donna de tous ces
faits une nouvelle interprétation; il exposa
que la véritable source d'électricité était l'action chimique exercée par l'oxygène de l'air,
sur les métaux en contact, quand l'arc excitateur est formé de deux métaux différents,
ou bien l'action chimique des liquides du
corps de l'animal sur le métal de l'arc ex-

citateur, quand le conducteur est unique.

Ainsi dès 1792, Fabroni donnait l'explication rationnelle des effets chimiques du galvanisme, qui ne fut admise que plus tard; et il réfutait à la fois Volta et Galvani. Mais la lutte était si passionnée entre les Voltaïstes et les Galvanistes, que les idées du chimiste florentin furent accueillies avec le plus profond dédain.

Bientôt la science s'enrichissait de nouveaux faits, dus à Alexandre de Humbold, aux frères Aldini, neveux de Galvani, etc.; l'Académie des sciences de Paris nommait une commission pour vérifier les travaux de l'école bolonaise.

Il y avait autant d'opinions que d'expérimentateurs et une irrésolution générale des doctrines, lorsque Volta en 1800 trouva l'appareil qui porte son nom. Cette brillante découverte enleva le prestige de Galvani, et jusqu'à trente ans après, aucun physicien ne se hasarda à parler d'électricité animale.

Volta avait quitté sa chaire de physique de Pavie et s'était retiré à Côme en Milanais, pour se livrer entièrement à ses recherches.

Il avait remarqué que le contact de deux métaux produit l'électricité; mais comme la quantité est très-faible, il augmentait la tension, en réunissant plusieurs de ces disques métalliques ; c'est donc en voulant démontrer l'électricité par contact, qu'il fut amené à construire son instrument.

Le 20 mars 1800, il écrivait le résulat de ses travaux à sir Joseph Banks, président de la Société royale de Londres.

Nous n'insisterons pas sur la confection primitive de la pile avec des pièces d'argent et de zinc, séparées par des rondelles de carton, imbibées d'eau salée.

Volta comparait son appareil à *l'organe électrique naturel* de la torpille de préférence à la bouteille de Leyde, et il l'appela : *organe électrique artificiel*. Il fit connaître les différents effets de sa pile, et de la commotion électrique qu'elle produisait, il induisait qu'elle pourrait remplacer la bouteille de Leyde et rendre des services, *particulièrement à la médecine*.

Le physicien de Côme, tout en remarquant l'action plus grande de la pile lorsqu'on se servait de liquides salins ou acides, rejetait toute intervention de l'action chimique. Ainsi, le principe erroné du développement de l'électricité par le contact, subsistait dans l'esprit de l'inventeur.

En suivant une mauvaise voie, Volta vit lui échapper les plus brillantes découvertes. C'est un chirurgien de Londres, Anthony Carlisle, qui pratique le premier la décomposition de l'eau par la pile.

A la fin de cette même année 1800, Humphry Davy et Wollastein démontraient que l'oxydation du métal était la cause première des phénomènes voltaïques. Il était naturel que les physiologistes et les médecins cherchassent les connexions entre les effets du galvanisme et les phénomènes vitaux et voulussent vérifier sur l'homme les expériences de Galvani.

En 1793, le chirurgien *Larrey*, que le bronze de notre David a immortalisé, expérimenta le premier l'arc métallique sur l'homme. Ayant pratiqué une amputation de cuisse pour un écrasement de la jambe, il disséqua avec soin le nerf poplité et ses branches et mit à découvert les muscles gastro-anémiens; il enveloppa d'une lame de plomb le tronc du nerf, et avec une lame d'argent il mit en rapport les muscles avec l'armature; au moment où le contact avait lieu entre les deux métaux, il se produisait de très-forts mouvements convulsifs dans la jambe et même dans le pied amputé.

Richerand, Dupuytren, Dumas, vérifièrent l'expérience de Larrey.

Bichat, en 1798, expérimenta l'arc galvanique sur des cadavres de suppliciés, trente à quarante minutes après l'exécution; il obtint, mais non toujours, des contractions dans les muscles volontaires; le cœur et les organes musculaires non soumis à l'empire de la volonté restèrent insensibles.

Après la découverte de la pile de Volta, l'électricité animale fut reprise avec ardeur; et la pile remplaça l'arc de Galvani.

Une des plus intéressantes expériences fut celle de *Jean Aldini*, neveu de Galvani, pendant son séjour à Londres en 1803.

Le docteur Koate, président du collège des chirurgiens de Londres, avait obtenu la remise du cadavre d'un meurtrier, qui avait été pendu. Aldini se servit d'une pile de cent vingt couples zinc et cuivre; ayant placé un des pôles dans la bouche et l'autre dans le conduit auditif, rempli d'eau salée, les muscles de la face se contractèrent horriblement, les lèvres remuèrent, les yeux roulèrent dans l'orbite. En introduisant un pôle dans le rectum, les muscles du tronc entrèrent en contractions si violentes, si analogues aux mouvements naturels, « *qu'il semblait*, dit

« Aldini, *que par impossible la vie allait être*
« *rétablie.* »

Aldini vint ensuite répéter sur des animaux
ses expériences à l'École vétérinaire d'Alfort.

La même année (1803) des médecins de
Mayence, alors ville française, obtinrent l'au-
torisation de faire leurs recherches sur les
corps de dix-neuf brigands, qui y furent déca-
pités; les faits précédents furent vérifiés,
mais nous n'aurions pas cité ces expériences
si elles n'avaient eu leur côté particulièrement dramatique.

Maintes fois vous aurez à répondre à cette
question, adressée par les gens du monde :

*L'individu décapité souffre-t-il? les organes
résidant dans la tête sont-ils encore capables de
percevoir quelque temps les impressions externes?
le sentiment du* moi *persiste-t-il encore quelque
temps après la décapitation?*

Deux jeunes médecins mayençais se pla-
cèrent sur l'échafaud et examinèrent cinq
têtes, à mesure qu'elles tombaient sous le
couteau. Pas une ne présenta aucun mouvement, aucune contraction, les yeux étaient
fermés; en criant dans l'une ou l'autre oreille
ces paroles : *M'entends-tu?* aucun mouvement
ne fut observé dans les muscles de la face.
Ils purent donc conclure que le sentiment des

impressions externes ne persiste pas un seul instant, après la décapitation.

La perte de sang brusque et considérable explique suffisamment la suppression des fonctions cérébrales, résultant de l'anémie et de la syncope. De nos jours, un physiologiste célèbre, *Brown-Sequard*, a pu faire reparaître quelques phénomènes de la vie dans une tête de chien décapité, après avoir injecté dans les carotides du sang défibriné et oxygéné.

Il appela le chien par son nom : *Les yeux de cette tête séparée du tronc se tournèrent vers lui, comme si la voix du maître avait été entendue et reconnue.*

Nous rapporterons encore une dernière expérience. En 1818 le docteur *Andrew Ure*, de Glascow, soumit à une pile de Volta de 270 éléments le cadavre d'un supplicié, dix minutes après qu'il eut été descendu du gibet. La moelle fut mise à nu par l'ablation de la partie postérieure de l'atlas, des incisions mirent à découvert les nerfs sciatique, cubital, diaphragmatique, etc. En électrisant successivement ces différents nerfs, on obtint des contractions dans le tronc et les membres ; la jambe fut projetée avec une violence telle qu'un aide faillit être renversé, le cadavre se soulevait, il semblait regarder et montrer du doigt les spectateurs, qui reculaient terrifiés; les mouvements respiratoires reparurent.

Le docteur Ure n'était pas éloigné d'admettre que, si l'on n'avait pas blessé les vaisseaux et la moelle épinière, on aurait pu ramener le supplicié à la vie; ce qui, dit-il, était peu désirable pour un assassin et peut-être contraire à la loi, mais pardonnable dans ce cas aussi utile à la science.

Ne voyons-nous pas l'électricité indiquée dans les cas de mort par asphyxie, par submersion, et par le chloroforme?

Là se termine la première période des recherches sur l'électricité animale. Galvani avait été conduit à ses expériences par l'idée, qu'il avait eue, d'assimiler l'influx nerveux aux actions électriques; les moyens de démonstration lui avaient manqué. Quand Volta eut découvert sa pile, tous les savants recherchèrent ses merveilleux effets sur l'homme et sur les animaux, dans des expériences curieuses par les résultats et par la mise en scène; mais l'électricité animale n'était pas démontrée, leur appareil instrumental ne possédait pas la précision et la délicatesse nécessaires.

La seconde période ou période moderne, vraiment scientifique, commença avec la découverte d'*OErstedt* en 1820. *L'action directrice d'un courant sur l'aiguille aimantée* devait être le point de départ de l'Électro-magnétisme, et conduire plus tard *Faraday*, en 1831, à trouver les courants d'induction.

Bientôt *Sweigger*, pour rendre plus sensible l'action du courant sur l'aiguille aimantée, inventait le *galvanomètre*, perfectionné plus tard par Nobili et du Boys-Reymond, cet instrument devint le réactif le plus exquis de l'électricité.

En 1834, *Nobili* reprit l'expérience de Galvani; il démontra que la contraction musculaire était produite par un courant allant dans le galvanomètre du nerf aux muscles, et dans l'animal des muscles aux nerfs; ce dernier courant se nomme le *courant propre* de la grenouille.

Ce fait devait guider les recherches de Matteucci (1844) et de du Boys-Reymond (1848).

Matteucci découvrit l'existence d'un courant dans les muscles entiers ou coupés; ce courant est dirigé des pieds à la tête de l'animal. Chaque point de la surface longitudinale d'un muscle est positif; si le muscle entre en contraction, le courant musculaire s'affaiblit; l'existence de ce courant a été démontrée chez l'homme; enfin Matteucci considérait les nerfs comme de simples conducteurs de l'électricité.

Contrairement à ce dernier physiologiste, *du Boys-Reymond* réussit à démontrer qu'il existe des courants propres dans les nerfs comme dans les muscles. Il se servit d'un galvanomètre très-sensible (le fil de cuivre n'a qu'un dixième de millimètre de section et fait 24,000 tours). Il excisa un segment de nerf et constata un courant, allant de la surface naturelle vers la surface de section; c'est le courant normal des nerfs; il l'appela *pouvoir électromoteur* ou *force électro-motrice*.

Ce courant a été constaté chez l'homme et les animaux dans la moelle épinière, dans les nerfs rachidiens et les nerfs de sensibilité spéciale.

Du Boys-Reymond fit connaître un autre phénomène remarquable. On enlève un long cordon nerveux sur un lapin ou sur une grenouille et on met en contact deux points de la surface de ce cordon avec les extrémités d'un galvanomètre; l'aiguille reste au zéro.

Si l'on fait passer un courant voltaïque continu dans la portion libre du nerf au-dessus et au-dessous du circuit fermé par le galvanomètre, on observe une déviation énergique.

Du Boys-Reymond appela cette propriété du nerf *force électro-tonique.*

Mais, si au lieu d'employer un courant continu, on soumet le nerf à un courant intermittent, l'aiguille, déviée par le courant propre, revient au zéro. Du Bois-Reymond appelle cet affaiblissement du courant propre du nerf : *Variation négative.*

Ces propriétés spéciales aux nerfs : force électro-motrice, force électro-tonique, variation négative, sont-elles en relation avec l'activité nerveuse elle-même? Nous ne pouvons que répondre négativement.

Schiff et *Valentin* démontrent que le courant propre existe dans un nerf écrasé à coups de marteau, et aussi dans le bout périphérique d'un nerf coupé et réséqué dans une partie ; cependant les fibres nerveuses sont altérées et incapables de remplir leurs fonctions.

Quand on coupe un nerf, la propagation des actions nerveuses cesse, tandis que nous avons vu la force électro-tonique persister.

La variation négative se montre encore dans des nerfs, qui ont perdu la faculté de provoquer des contractions musculaires. Nous ne pouvons donc adopter entièrement la doctrine de du Boys-Reymond.

Il existe encore une différence entre les

courants galvaniques et les actions nerveuses, différence relative à *la vitesse de leur propagation*. *Helmholtz*, l'inventeur de l'ophtalmoscope a pu, par d'ingénieuses expériences, évaluer à vingt-six mètres par seconde la vitesse de propagation des courants nerveux dans les nerfs de la grenouille ; cette vitesse semble diminuer avec l'abaissement de température. N'est-ce pas une différence capitale avec la vitesse de propagation de l'étincelle électrique, que *Wheastone* a évaluée à cent quinze mille lieues par seconde ?

Nous terminerons cet historique en appelant votre attention sur les remarquables découvertes de M. *Edmond Becquerel* (1867-1870) sur les Phénomènes électro-capillaires.

Voici le principe de M. Becquerel : *Deux dissolutions de nature différente, conductrices de l'électricité, séparées par une membrane organique ou par un espace capillaire, constituent un circuit électro-chimique, pouvant donner lieu à des effets chimiques.*

Ce savant montre les couples électro-capillaires dans l'organisme ; il explique ainsi les échanges de gaz et de liquides dont l'endosmose ne se rend pas compte, et comment les principes élémentaires des organes sont sans cesse renouvelés.

M. Becquerel démontre ces courants électro-capillaires dans tous les tissus : os, tendons, artères, veines, muscles, nerfs. Dans la moelle et dans l'encéphale des courants se dirigent de la substance blanche à la solution grise. C'est à eux que l'on doit probablement attribuer l'électricité développée dans les appareils spéciaux de certains poissons, comme la torpille. Ainsi se trouve vérifiée l'hypothèse de Volta, qui pensait que la volonté agissait par les nerfs de l'animal pour mettre en contact trois liquides ou substances de nature hétérogène. Ces courants expliquent comment une molécule d'un corps organisé peut être remplacée par une molécule venue du dehors, et cela sans changement de forme; ils nous rendent compte de l'emploi efficace de l'électricité dans les atrophies musculaires et dans les troubles de nutrition; ils nous font voir comment on a pu faire disparaître des collections liquides comme celles de l'hydrocèle, des kystes de l'ovaire, etc.

Tous ces faits prouvent que les courants électriques dans l'organisme ont une origine chimique et qu'ils ne proviennent nullement d'une organisation électrique spéciale des muscles ou des nerfs.

Nous avons terminé, Messieurs, l'historique de l'électricité animale.

Frappés des prodigieux effets de l'électricité sur l'homme et les animaux, vous avez vu tous les savants : médecins, physiologistes, physiciens, chimistes, chercher à pénétrer les secrets de la vie.

L'étude des fonctions du système nerveux préoccupait au plus haut point; on était séduit par la pensée de l'intervention de l'électricité dans les phénomènes vitaux; en étudiant les courants électriques dans les nerfs et le système nerveux central, on cherchait l'analogie entre l'influx nerveux et les phénomènes électriques; on avait cru un instant en avoir trouvé la preuve.

Les expériences, que nous avons exposées devant vous, nous permettent de conclure au contraire, *qu'il n'y a pas identité entre l'agent nerveux et l'agent électrique.*

Les nerfs sont doués, il est vrai, d'une extrême sensibilité pour l'électricité, mais les résultats obtenus dans la transmission et la vitesse de propagation de l'influx nerveux, montrent qu'il y a une différence profonde. Il faut donc reconnaître à la fibre nerveuse une action inhérente à elle-même.

Par des considérations d'un autre ordre, notre distingué collègue en physiologie vous dirait que, de même que la fibre musculaire a pour propriété caractéristique, la contractilité, de même l'attribut distinct, fondamental de la fibre nerveuse est la *neurilité*. Cette propriété, due, sans doute, à des actions moléculaires mal connues est liée à l'intégrité de la structure et de la nutrition des éléments anatomiques.

En physique, nous démontrons qu'avec de la matière et du mouvement nous obtenons de la chaleur que nous pouvons transformer à volonté en travail mécanique, en lumière, son, électricité. En physiologie, on vous dira que la molécule inorganique en devenant corps organisé, acquiert des propriétés spéciales.

Tel est, à cette heure, l'état actuel de nos connaissances.

***

Si vous jetez un coup d'œil sur le chemin parcouru, vous voyez que trois quarts de siècle ont suffi à une découverte pour lui faire faire des pas de géant; mais la science ne s'arrêtera pas là. Vouloir imposer une limite à l'avenir, c'est-à-dire au progrès, serait une prétention aussi vaine qu'inutile.

Nous ne sommes plus au *bon vieux temps* où la Faculté de Paris proscrivait la circulation du sang parce que celle-ci venait d'Angleterre, l'antimoine parce qu'il venait de Montpellier, et le quinquina parce qu'il venait d'Amérique.

Chaque jour, le progrès creuse son sillon; s'il va quelquefois se ralentissant, il ne recule jamais; comme le disait tout dernièrement une haute intelligence et un grand citoyen : « *Le progrès, c'est l'esprit du XIXe siècle.* »

Honneur à cette pléiade de travailleurs qui s'adonnent à la libre recherche de l'inconnu, qui deviendra la vérité du lendemain; de cette pléiade, Messieurs, vous n'êtes que les plus jeunes.

L'École d'Angers s'honore d'avoir dirigé les premières études de noms les plus distingués dans la médecine et la science contemporaines. Ses leçons ont servi à donner une instruction solide à de nombreuses générations, qui habitent notre département; soyez assurés que vous y trouverez des éléments féconds de travail, et des marques de sympathie, qui ne vous feront jamais défaut.

Nous terminons en remerciant les Élus de la Cité pour les améliorations incessantes qu'ils ont accordées à l'École; une voix plus éloquente et plus autorisée que la mienne vous l'a dit tout à l'heure, mieux que je ne pourrais le faire.

Nous remercions M. l'Inspecteur d'Académie, de l'honneur qu'il a fait à l'École en venant présider sa séance d'ouverture; nous remercions le représentant de l'Université, qui soutient et dirige nos efforts; de l'Université de France, gardienne, au nom de l'État, des vraies traditions de la Patrie et de la Science.

Angers, imp. P. Lachèse, Belleuvre et Dolbeau.

BIBLIOTHEQUE NATIONALE DE FRANCE

3 7531 03287565 1

www.ingramcontent.com/pod-product-compliance
Lightning Source LLC
Chambersburg PA
CBHW061717060726
47597CB00006B/2432